大顯神通的
民族絕技 | # 民族體育

檀傳寶◎主編　班建武◎編著

中華教育

目錄

最近，小夥伴們迷上了各種運動競技，精神十足。你看，這裏高手雲集，他們使用的一些「招式」恐怕是你聞所未聞，是不是讓你無比神往呢？讓我們一起去看看吧！

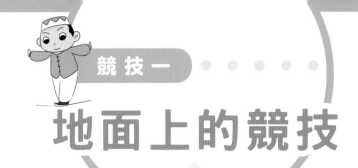

地面上的競技

　　賽跑、推鉛球、跳高……是田徑場上常見的比賽項目。

　　但是，在一場人頭攢動的體育盛會上，這些常見的體育項目都不見了。取而代之在跑道上奔跑的，是三名合穿着同一雙木板鞋的運動員！

　　在跑道的另一邊，有兩個人似乎在進行拔河比賽。但是，從他們的姿勢看，完全不是我們所熟悉的拔河比賽，反而像兩頭正在使着蠻勁的大象。這是怎麼回事？

　　原來，這個不一樣的運動會就是我國獨具特色的民族運動會。

　　現在，就讓我們一起去領略這些民族競技項目的魅力吧！

另類的賽跑

「穿大鞋的賽跑」——板鞋競速

　　在趣味運動會上，經常會有一個項目，就是三個運動員合穿一雙大鞋賽跑。據說這是源於壯族民間傳統體育——板鞋競速。

　　2005 年，「板鞋競速」項目被列為全國少數民族傳統體育運動會的正式比賽項目。

板鞋競速 ▶

板鞋競速的來源

相傳明代倭寇侵擾我國沿海地帶，廣西百色地區的瓦氏夫人率兵前去抗倭。瓦氏夫人為了讓士兵步調一致，令每三名士兵穿上一副長板鞋齊跑。長期如此訓練，士兵的素質大大提高了，鬥志高漲，所向披靡，擊敗了倭寇。後來壯族人民模仿瓦氏夫人的練兵方法，開展三人板鞋競技活動自娛自樂。

想一想

動腦筋想一想，如果你是一名教練員，你會怎樣組織訓練，讓隊員在板鞋競速中取得好成績呢？

「踩高跟鞋的賽跑」——高腳競速

不僅多人合穿同一雙鞋可以賽跑，踩着竹竿也能跑。這就是深受土家族、苗族等民族喜愛的傳統體育項目——高腳競速，俗稱「高腳馬」，又稱「竹馬」。

2003 年，在第七屆全國少數民族傳統體育運動會上，高腳競速首次被列為競賽項目。

▼ 高腳馬

猜一猜

「高腳馬」和「踩高蹺」都是使人「變高」的運動，但它們還有一些不同之處。請你根據下面表格中描述的特點來猜一猜：哪一項運動流行於北方，哪一項運動流行於南方？

項目	高腳馬	踩高蹺
材料	竹子	木棍
使用方式	手握竹竿	腳踩木棍
起源	為蹚水方便	為採摘樹上果實

▲「押加」

「押加」與「格吞」

大象拔河？

　　少數民族的特色運動中，還有一項特殊的拔河比賽——「押加」。

　　「押加」還有一個生動的名字，叫「大象拔河」。在藏語中，「押加」代表的就是大象頸部的技能。這一活動在藏區最流行，所以又把它稱為「藏式拔河」。

　　比賽由兩人進行，雙方各自把布帶的兩端套在脖子上，兩人相背，將布帶經過胸腹部從襠下穿過，然後趴下，雙手着地，布帶拉直，中間繫一紅布為標誌，垂直於中界。聽到比賽開始的口令後，兩人用力互拉前爬（爬拉動作模擬大象），用腿、腰、肩、頸的力量拖動布帶奮力向前爬，先將紅布標誌拉過河界者為勝。

　　1999 年，在第六屆全國少數民族傳統體育運動會上，「押加」首次被列為競賽項目。

為甚麼要這樣拔河呢？

「押加」這項活動與藏族對大象的喜愛是密不可分的。藏族把大象當作吉祥之物，非常崇尚大象的力大無窮。因此，他們便模仿大象的樣子比賽誰的力氣大。這就形成了今天這項獨特的拔河運動。

在藏族地區，一到節假日，各地人們都會舉行「押加」比賽。平日農牧閒暇時，在牧場、田間，人們也常常以遊戲的形式「押加」。

原來他們這麼崇拜我啊！

其他「另類」的拔河

除了「押加」外，在藏族地區還有許多有趣的拔河形式。如「格吞」，這是藏語譯音，即「頸脖拔河」。「格吞」流行於四川省甘孜藏族自治州。

◀「抵腳格吞」，雙方面對面席地而坐，雙腳伸直相抵，圈帶套於後頸脖。發令後，雙方奮力後拉，將對方身體拉離地面者為勝

「也吞」，即站立拔河，兩人相對而▶立，圈帶套在後頸脖。發令後，兩人雙手叉腰，奮力仰脖後退，以將標誌拉到自己一側者為勝

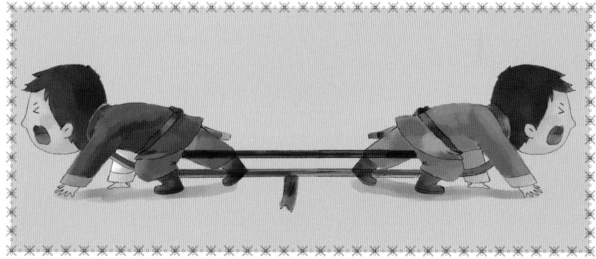

▲「背向格吞」，將圈帶套在後頸脖，二人背向，四肢着地，帶子穿過腋、胯下，將對方拉過標誌線者為勝

除上述形式的比賽外，還有「夫妻格吞」「家庭格吞」等有意思的拔河。

「三月三」，搶花炮

千萬不要以為只有國外才有橄欖球！在我國的侗族、壯族、仫佬族等民族當中，流行着一項非常具民族特色的傳統體育活動——搶花炮。

搶花炮一般在農曆三月三或秋收以後舉行。侗鄉流行這樣的詩句：「侗鄉三月風光好，天結良緣搶花炮；要得侗家姑娘愛，花炮場中稱英豪。」

從第三屆全國少數民族傳統體育運動會開始，搶花炮已成為正式比賽項目之一。

▲ 這些人在做甚麼呢？他們看起來像不像在進行橄欖球比賽呢？實際上，這項活動叫作「搶花炮」

一起搶花炮

搶花炮的起源

搶花炮相傳是由諸葛亮發明的。當年，諸葛亮帶兵駐紮在廣西融江附近，他為了使山裏寨與寨之間加強團結，便用搶花炮這一競技項目讓人們相互交往、增進友誼。

花炮最初是用青細竹篾或藤條編織成茶杯口大小的圓圈，外面纏以紅布，再以紅綠絲線紮牢。現代比賽中用的花炮則是彩色的圓形塑料餅。

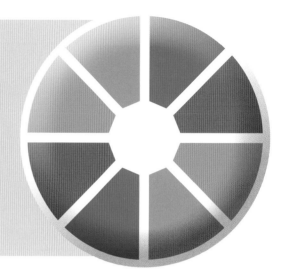

學規則

傳統的民間搶花炮不限人數，也沒有一定的界線，漫山遍野都是活動範圍。改革後的搶花炮，規定了每場比賽時間為40分鐘，分上、下半場，每半場20分鐘，中間休息10分鐘。在規定的時間內，以將花炮攻入對方花籃的次數多少來判定勝負。

高空中的雜技

一個身穿民族服裝的年輕人竟然在離地面幾十米高的鋼絲上如履平地。

這是甚麼高手？

而在不遠處，不時騰空升起的少女，在民族服裝的襯托下，在空中展示着各種曼妙的身姿，莫非她們是落入凡間的仙女？

這些高空中的表演，分別是聞名中外的維吾爾族傳統體育「達瓦孜」和朝鮮族傳統體育「踏板」。

走鋼絲的高手

能夠在高空中懸掛的繩索上來去自由的高手，無疑是維吾爾族的達瓦孜藝人。「達」在維吾爾語中是「懸空」之意，「瓦孜」是指喜好做某件事的人。「達瓦孜」的意思是高空走大繩表演，古時稱為「走索」「高原祭」「踏軟索」等。

男女青年達瓦孜表演者個個身手不凡，手持長約 6 米的平衡竿，不繫任何保險帶，在繩索上表演前後走動、盤腿端坐、蒙上眼睛行走、腳下踩着碟子行走、飛身跳躍等一系列驚心動魄的技藝。

哇，這個表演比雜技中的走▶鋼絲更驚險啊！他們沒有任何保險措施，小朋友們可不要模仿

　　達瓦孜從 1953 年第一屆全國少數民族傳統體育運動會起，到目前已成為運動會中不可缺少的一個重要項目。

　　1991 年，在南寧舉行的第四屆全國少數民族傳統體育運動會上，達瓦孜節目榮獲國家首次設立的表演獎。

巾幗不讓鬚眉

踏板

　　達瓦孜這項運動多是男生參加，而有另一項空中運動，幾乎所有的參賽者都是女生。這就是在朝鮮族中流行的踏板（也叫跳板）運動。

　　我們平時玩的蹺蹺板都是人坐在板子上，雙方來回起伏。但是，有一種蹺蹺板，人可不是坐在上面，而是站着，輪番騰空躍起。這種別樣的蹺蹺板就是朝鮮族婦女最喜歡的運動——踏板。

　　這項活動主要流行於吉林、黑龍江、遼寧等省朝鮮族聚居地區，多在元宵、端午和中秋等節日舉行。伴隨着有節奏的踏跳，身着彩裙的朝鮮族女性，優美地在空中表演旋轉、空翻等各種動作，她們所用的道具主要有扇子、花環、彩帶、手鼓等。

▲ 踏板

鞦韆上的飛翔

　　這些會騰空的姑娘除了會玩踏板外，還有另一項空中本領就是盪鞦韆。鞦韆也是朝鮮族婦女最喜歡的活動之一，歷史悠久。

　　過去一般將鞦韆繩拴在高大樹木的橫枝上。現在多用木頭或鐵管製作專用鞦韆架，橫樑上繫兩條繩索，下拴蹬踏的木板即可。朝鮮族的鞦韆有單人盪和雙人盪兩種。

▲ 盪鞦韆

從 1986 年開始，鞦韆被納入全國少數民族傳統體育運動會的比賽項目。

除了朝鮮族的鞦韆外，各民族還發明了許多形式各異的鞦韆。其中，在青海土族中流行的「輪子鞦韆」尤為別具一格。

人們在表演輪子鞦韆時，一般會有三種飛翔動作：單飛、雙飛、三飛。

單飛時，阿姑（土族女孩）做「春燕穿柳」和「喜鵲探春」造型；雙飛時，阿吾（土族男孩）和阿姑分別做「雙龍戲珠」「丹鳳朝陽」等動作，合作成「龍鳳呈祥」的造型；三飛時，阿吾和兩個阿姑分別做「猛虎下山」「嫦娥奔月」「女媧補天」等動作，合作成「吉祥如意」的造型。

現在輪子鞦韆已經成為一種集體育和舞蹈於一體的富有土族特色的活動，被列為全國農民運動會和民族運動會的表演和比賽項目。

輪子鞦韆 ▶

球場上的角逐

　　民族運動會球場上各種似曾相識卻又未曾見過的球類比賽看得人眼花繚亂。

　　籃球場地上，不見豎立在球場兩端底線的籃架和籃筐，取而代之的是在球場兩端底線兩個手拿籃筐的人在左右移動，不時躍起兜住隊友扔過來的球。而在這個移動的籃筐前面則有兩個手拿球板的人在來回干擾扔過來的球，就像足球場上的守門員。

　　這是甚麼運動？比賽用具如此奇怪。

　　而在類似羽毛球場的賽場上，卻不見運動員們手上的球拍，取而代之的是運動員們靈活和敏捷的雙腳。這又是甚麼運動？

會移動的籃筐

　　這個會移動的籃筐比賽，就是滿族人民的傳統體育項目——珍珠球。

　　滿族的祖先女真人曾在松花江裏採珍珠，在勞動之餘，人們就模仿採珍珠的勞動開展了相應的遊戲活動，久而久之，就發展成了一項專門的體育運動。

　　1994 年，珍珠球被列為第四屆全國少數民族傳統體育運動會的正式比賽項目。

珍珠球的歷史

居住在白山黑水之間的滿族人民以漁獵為生，採珍珠是當時滿族人民的傳統生產勞動工作之一。

在滿族人民群眾中有豐富多彩的、以模仿採珍珠生產活動為內容的兒童遊戲和體育活動——人們把從水裏打撈上來的河蚌往船上拋，船上的人用紗網接住，這時另外的船隻會划過來攔搶河蚌，誰搶得多，就預示着來年能夠採集到更多的珍珠，象徵吉祥如意。

▲ 抄網隊員手上拿的網兜，就是模仿採珍珠的時候所背的網兜

防守隊員手上拿的 ▶
拍子就是模仿珍珠
蚌的蚌殼而製作的

珍珠球的賽場

珍珠球的賽場主要分為三部分：

水區 (內場區) 內雙方各有 4 名隊員負責進攻和防守，進攻者可以將球傳到任何方向，向紗網內投球爭取得分。這裏好比採珍珠的水域。

哈蚌區 (封鎖區) 內雙方各有 2 名運動員，持哈蚌 (球拍)，用封、擋、夾、按等技術動作阻擋對方進攻隊員向紗網內投球。

威呼區 (得分區) 內雙方各有 1 名手持紗網的運動員，他們的任務是用紗網抄(奪)本方隊員投來的珍珠球。「威呼」在滿語裏就是船的意思。

▲ 學校舉行珍珠球比賽活動

用腳打的「羽毛球」

我們常見的羽毛球比賽都是用羽毛球拍打的。但是，一場別開生面的「羽毛球賽」卻沒有拍子。球場上的運動員竟然把腳當球拍使用。

這種用腳打的「羽毛球」就是毽球。

毽球從我國古老的民間踢毽子遊戲演變而來。比賽雙方各派三名選手出場，可用頭、腳及身體去接球，但不能用手臂去觸球。

1995 年，毽球進入全國少數民族傳統體育運動會項目名單。

試一試

毽球發展與走出國門

1987 年中國毽球協會成立。1999 年 11 月，國際毽球聯合會在越南成立。第一屆世界毽球錦標賽於 2000 年 7 月在匈牙利舉行。

看看下面常見的毽球招式中，你能掌握幾種？

(1) 內踢 / 盤踢：用腳內側在身體前方或側面踢。

(2) 直踢 / 蹦踢：用腳面在身體前方或側面踢。

(3) 外踢 / 拐踢：小腿向同側身體側後方彎起，
　　　用腳外側或腳後跟在身體側面或側後方踢。

(4) 膝擊 / 磕踢：膝部向前提起彎曲，用大腿的
　　　正面或膝部擊毽。

(5) 叉踢 / 抹子：一隻腳不離地，另一隻腳從背
　　　後繞至前腿外側用腳內側或腳心踢。

(6) 背踢 / 倒打、背毽：一隻腳不離地，另一隻
　　　腳向身後彎曲用腳心踢。

(7) 倒勾 / 倒掛：背對毽子即將運行的方向，在
　　　身體前上方用腳面向身後踢。

(8) 蹬毽 / 踏毽：在身體前方、側面或身後用腳
　　　心或腳外側踢。

除了珍珠球、毽球外，還有許多有意思的民族球類運動：如叉草球、蹴球、雞毛球、背簍球等。

叉草球

叉草球是赫哲族的傳統體育項目，是從叉魚演變過來的。赫哲族為了從小培養孩子們叉魚的興趣和技巧，在少年兒童中開展叉草球活動。球是用草編製而成的。遊戲方法是一人先把草球扔在草地上向前滾動，另一人再擲出魚叉將其叉住。草球在地上滾動，類似魚在水中游耍，要叉中草球，必須眼明手快，稍有偏差就會落空。現在，赫哲族捕魚事業已向現代化、機械化發展，但叉草球一直是他們喜愛的體育活動，每逢春節，大人小孩都會聚在一起進行叉草球等競賽活動。

▲ 叉草球

踢石球

蹴球又稱踢石球，始於清末的北京及周邊地區。現在的比賽用球不是石子，而是用塑料、橡膠混合製作的球體，有點類似於實心球。比賽方法是腳跟着地，腳掌觸球，用力踢球。凡一方擊中對方的球可得 1～2 分，把對方的球擊出界外，得 4 分，先積 50 分為勝。採用三局兩勝制。

▲ 可千萬不能用力太大，不然球就出界了

尋覓愛情的背簍球

投擲背簍球是高山族男女青年尋覓愛情的一種活動。如果姑娘有中意的小伙子，她會允許這個小伙子往她的背簍裏投擲檳榔。如果向她背簍投擲檳榔的小伙子她看不上，那麼，她會把背簍裏的檳榔全部倒出來。

現在的背簍球已經發生了很大的改變。隊員們投擲的不再是檳榔，而是各種球。比賽開始後，各方的隊員將本隊的球通過傳遞投入到對方背簍中，投中背簍者可得分，累計得分多者為勝。

背簍球 ▶

用手「踢」毽子

打雞毛球是基諾族男女青年中最為常見的一項運動。製作雞毛球的方法是選用家雞身上最好的羽毛插入油布包着的木炭中，然後再用繩子緊緊地捆住，做成類似雞毛毽子形狀的球。但基諾族打雞毛球不是用腳踢，而是用手打，而且打的形式多樣，有兩人對打，有已婚、未婚青年分別對打，有分家族對打，有村頭的村民與村尾的村民對打。

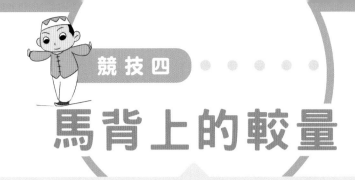

馬背上的較量

奧運會的馬術表演，運動員們一個個都顯得非常紳士、優雅。但民族運動會中有關馬的比賽，那比的就不是優雅了，而是力量與速度。

在比賽中，有些人拼了命似的搶奪一隻羊，而有些人則瀟灑地策馬揚鞭，你追我趕，還有一些人在馬背上你拉我扯，好像非得把對方拉下馬……

這些，又是甚麼樣的民族體育運動呢？

勇敢者的遊戲

有一項馬上運動，挑戰的是一個人的勇氣。如果你是個懦夫，那麼，你還是離這項運動遠一點。這項運動，就是柯爾克孜族、哈薩克族、維吾爾族等民族最古老的馬上運動——叼羊。當地有句諺語說：「摔跤見力氣，叼羊見勇氣。」

所有參加叼羊比賽的都是青壯年男子。叼羊開始前，主持者先將一隻宰好的羊放在場子中央，各路騎手便在周圍排成兩隊。當主持者的發令槍一打響，勇敢的騎手就急馳出發，繞場一周，然後迅猛地向場子中央撲去，來爭搶這隻羊。一場驚心動魄的叼羊搏鬥就這樣展開了！

▲叼羊搏鬥

為甚麼羊不會被扯碎？

這麼多人都在搶奪一隻羊，會不會把羊給扯碎呢？

放心，聰明的遊牧民族已經想到了這一點。在比賽之前，他們會把宰後的羊割去頭、蹄，緊紮食道，有的還放在水中浸泡或往羊肚裏灌水，這樣羊比較堅韌，不易被扯碎。

分享勝利的喜悅

叼羊的勝利者，要把叼來的羊，隨意從別人家的氈房頂上扔進去。這時，氈房的主人就認為是莫大的吉慶，便組織全家人宰羊煮肉，用手抓肉、奶疙瘩等上等佳餚，熱情招待前來賀喜的所有客人。客人們奶足肉飽之後，就開始唱歌、跳舞，進行通宵達旦的娛樂活動。根據哈薩克族的傳統說法，吃了這隻叼羊肉的人，不僅會避過災難，而且還能交上好運。

為甚麼會有叼羊這項比賽呢？

這些民族常年在大草原上放牧，尤其是轉場的時候，為了保護畜羣，經常要同惡劣的天氣、兇猛的禽獸頑強搏鬥。叼羊則是最好的鍛煉，它既是力量的較量，又是智慧的競賽，既比勇敢，又賽騎術。叼羊的優勝者多是放牧的能手，他們能把百十斤重的羊隻，俯身提上馬來。優秀的叼羊手是受尊敬的，被譽為「草原上的雄鷹」。

▼ 草原上的雄鷹

馬背上的愛情

馬背上不僅有力量、勇氣和速度的較量，也有十分甜蜜的愛情。

我們常見的賽馬基本上是單一性別的比賽。但是，在民族運動會上，有一項別樣的賽馬，選手看樣子是一對情侶。他們在賽場上相互追逐，時而還竊竊私語。

他們這是在比賽，還是在談戀愛呢？

這項神奇的活動就是在哈薩克族中流行的「姑娘追」活動。

▼ 姑娘追

性別混搭的「賽馬」

「姑娘追」是哈薩克族青年們最喜愛的一種馬背上的體育遊戲，也是男女青年相互表白愛情的一種別緻方式，常在喜慶時舉行。

活動一開始，一對對未婚青年男女向指定地點並排慢行。去時，小伙子可向姑娘任意開玩笑或求愛，姑娘只能默默傾聽，不能生氣；返程，小伙子必須策馬急馳，姑娘則在後揮鞭追打。姑娘若追上小伙子可任意鞭打。如果姑娘對小伙子有情，則會鞭下留情，故意將鞭抽打到小伙子騎坐的馬屁股上。

「姑娘追」與「追姑娘」

柯爾克孜族有一種遊戲卻與哈薩克族的「姑娘追」相反，叫「追姑娘」。「追姑娘」是讓姑娘騎馬先跑，小伙子在後面追趕。到達終點時，如果小伙子追上姑娘，兩情相悅，可以在眾人面前摟一下或碰觸一下姑娘，或扯起姑娘的衣角，以表示自己取得了男子漢的勝利。如果沒有追上，不僅在眾人面前丟了面子，還會失去姑娘的好感，最後還要代替所在部落向姑娘頒發獎品。

岩畫上的「追姑娘」和「姑娘追」

不管是「追姑娘」還是「姑娘追」，都有着十分悠久的歷史。在新疆三大山系阿爾泰山、天山和崑崙山中發現了大量的岩畫，這些岩畫是新疆早期遊牧民族生產和生活的真實寫照。在巴里坤縣的八牆子鄉岩畫上，有兩張被當地人認為是雙馬圖的照片，其內容是女性騎公馬，男性騎母馬在奔馳中追逐。這大概是最早的「追姑娘」和「姑娘追」了。

▲ 岩畫

異彩紛呈的馬上運動

除了叼羊、「姑娘追」等活動外，馬背上的民族還有許多馬上較量項目，如馬上角力、飛馬拾銀、套馬、騎馬射元寶等。這些活動也是異彩紛呈，令人歎為觀止。

矯捷的飛馬拾銀者

飛馬拾銀一般是把一塊銀圓或者更貴重的東西用綢子包住，放在草地上。有時為了考驗騎手的馬上技術，還要把所拾的東西埋在小坑裏，誰能飛馬拾到就屬於誰。比賽中，馬速過慢或馬匹停下來都是違規的，無權領獎。

▲ 飛馬拾銀

馬背上的摔跤

或許你見過不同形式的摔跤，但是，相信有一種摔跤你是很少見到的，那就是在馬上摔跤。這就是柯爾克孜族、哈薩克族等民族傳統的馬上運動項目之一 ——馬上角力。

馬上角力通過雙方在馬上激烈的角逐，以競賽者的騎術和勇敢分勝負。

▲ 馬上角力

馬背上的馴馬師

馬對於生活在草原的民族而言，具有十分重要的作用。但是，馬不會一開始就老老實實地聽從人的安排，是需要一個馴化的過程的。

在馴馬的過程中，一項關鍵的技術就是套馬。這項技術已經成為少數民族的特色體育項目。

該運動有兩種形式：揮杆套馬與繩索套馬。運動開始時先讓烈馬疾奔，眾騎手縱馬飛馳追趕，至適當距離時即迅速套馬，以先套住馬頭、拉住烈馬者為勝。

柯爾克孜族的馬崇拜

馬是柯爾克孜族親密的夥伴。在日常的放牧、轉場時，馬是基本的交通工具。在爭雄稱霸、殺伐征戰的歷史舞台上，馬是英雄的翅膀。因此，柯爾克孜族對馬有一種近乎崇拜的感情。他們認為駿馬和「凱依甫」有着血緣關係。「凱依甫」在柯爾克孜族的原始觀念中，既是馬的祖先神，又是馬的保護神。它來無影，去無蹤，急馳則出汗如血，是凡人肉眼看不到的神馬。它多生長在高山之巔，所以又稱天馬，是人們頂禮膜拜的靈畜。因此，柯爾克孜族把駿馬作為與神與祖先亡靈交往的使者。

在柯爾克孜族的祭祀和喪葬儀式上，馬同樣起着重要的作用。他們相信，死者的靈魂只有借助於馬才能前往另一個世界，與已亡故的祖先在九泉下聚首。

競技五

民族的與世界的

這些少數民族朋友的功夫可不一般吧,這也是絕對正宗的中國功夫。這麼絕妙的功夫,我們可不想只在家裏藏着,而是想讓全世界的人都見識它的風采!

其他國家的成功範例

▲ 1964 年,日本在東京奧運會上,將柔道列為正式比賽項目

▲ 1988 年,韓國在漢城奧運會上,將跆拳道列為表演項目,並最終使其在 2000 年的悉尼奧運會上成為正式比賽項目

小百科

要列入奧運會的比賽項目,必須符合《奧林匹克憲章》的相關規定和要求:

- 至少舉辦過兩次洲際錦標賽。
- 必須有公認的國際基礎,至少在 75 個國家和四大洲的男子中以及在 40 個國家和三大洲女子中廣泛開展。
- 同時具備觀賞性和可操作性,比賽結果可以量化。

中國的積極嘗試

中國也在積極籌劃着申請武術、舞獅、賽龍舟等進入夏季奧運會體育項目。

民族傳統體育不僅體現了我國的文化特色，而且由於其強身健體的功能和簡單易行的規則，在我國乃至世界其他許多國家也都廣泛流行着。

邁出國門，走向奧運會，只是我們推廣這些體育項目的一種方式。更重要的，是要讓大家都踴躍參加，成為這些民族體育運動的「活名片」！

▼賽龍舟

為「賽龍舟」寫申請書

通過書本和網絡上的資料，結合《奧林匹克憲章》中的三條標準，來給我們的傳統體育項目「賽龍舟」寫一份加入奧林匹克運動會比賽的申請書吧！

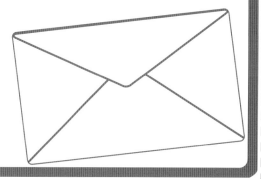

我的家在中國・民族之旅 ⑦

大顯神通的
民 族 絕 技 | 民族體育

檀傳寶◎主編　班建武◎編著

責任編輯：鍾昕恩
裝幀設計：龐雅美
排　版：張詠心　鄧佩儀
印　務：劉漢舉

出版 / 中華教育

香港北角英皇道 499 號北角工業大廈 1 樓 B
電話：（852）2137 2338
傳真：（852）2713 8202
電子郵件：info@chunghwabook.com.hk
網址：https://www.chunghwabook.com.hk/

發行 / 香港聯合書刊物流有限公司

香港新界荃灣德士古道 220-248 號
荃灣工業中心 16 樓
電話：（852）2150 2100
傳真：（852）2407 3062
電子郵件：info@suplogistics.com.hk

印刷 / 美雅印刷製本有限公司

香港觀塘榮業街 6 號
海濱工業大廈 4 樓 A 室

版次 / 2021 年 3 月第 1 版第 1 次印刷
©2021 中華教育

規格 / 16 開（265 mm x 210 mm）